JINGDIAN
JIAJU
SHEJI

经典家居设计

客厅
简约风

KETING

JIANYUEFENG

编著 叶斌

U0301097

海峡出版发行集团 | 福建科学技术出版社
THE STRAITS PUBLISHING & DISTRIBUTING GROUP | FUJIAN SCIENCE & TECHNOLOGY PUBLISHING HOUSE

图书在版编目（CIP）数据

经典家居设计. 客厅简约风 / 叶斌编著. —福州：
福建科学技术出版社，2018.1
ISBN 978-7-5335-5488-0

Ⅰ.①经… Ⅱ.①叶… Ⅲ.①住宅－室内装饰设计－
图集②客厅－室内装饰设计－图集 Ⅳ.① TU241-64

中国版本图书馆 CIP 数据核字（2017）第 294926 号

书　　名	经典家居设计　客厅简约风
编　　著	叶斌
出版发行	海峡出版发行集团 福建科学技术出版社
社　　址	福州市东水路76号（邮编350001）
网　　址	www.fjstp.com
经　　销	福建新华发行（集团）有限责任公司
印　　刷	福州德安彩色印刷有限公司
开　　本	889毫米×1194毫米　1/16
印　　张	6
图　　文	96码
版　　次	2018年1月第1版
印　　次	2018年1月第1次印刷
书　　号	ISBN 978-7-5335-5488-0
定　　价	36.00元

书中如有印装质量问题，可直接向本社调换

経典家居 设计
JINGDIAN JIAJU SHEJI

CONTENTS|目录

简约风格客厅，简单中求艺术

简约风格多以体现时代特征为主，没有过分的装饰，强调形式应该更多地服务于功能。其特点是将设计的元素、颜色、照明、原材料简化到最少的程度，但对色彩、材料的质感要求很高，以色彩的高度凝练和造型的极度简洁，在满足功能需要的前提下，将空间、人及物进行合理精致的组合，追求温馨、自由、不受束缚的空间感，是一种简单中求艺术的设计风格。由于线条简单、装饰元素少，简约风格家居需要完美的软装配合，才能显示出美感。因简约风格实用而又时尚，充满了个性魅力，几乎适用于任何户型，能完美打造出清新自然、随意舒适、简单却精致的家居空间，所以备受人们青睐。

❶ 麻布壁纸　❷ 仿大理石瓷砖　❸ 实木复合地板

❶ 仿大理石瓷砖　　❷ 抛光砖　　❸ 白色护墙板　　❹ 玻化砖

去繁就简，简约不等于简单

简约装修不等于简单，不是简单的"堆砌"和平淡的"摆放"，而是经过深思熟虑后创新得出的设计和思路的延展，在细节上凝结着设计师的独具匠心。简约装修也体现一种现代"消费观"，即注重生活品位、健康时尚和合理节约。比如，洁净的墙面两幅平行挂置的黑白装饰画，可给空间增添几分静谧与理性；跳跃的红色沙发塑造出空间的活力与激情；造型别致的茶几则可增添空间的浪漫风韵。此外，由于线条简单、装饰元素少，简约风格家居需要完美的软装配合才更能突显美感——沙发需要靠垫，餐桌需要餐桌布，床需要窗帘和床单陪衬，等等。

❶ 实木复合地板　❷ 植绒壁纸　❸ 灰色木纹砖

❶ 水曲柳地板　❷ 杉木饰面板　❸ 文化砖　❹ 灰色木纹砖

简约风格客厅，
五大设计要素

空间构成：空间划分不再局限于硬质墙体，尚可通过家具、吊顶、地面材料、陈列品，甚至光线的变化，来表达不同功能空间。

装饰材料：选材上不局限于石材、木材、瓷砖等天然材料，更增加了金属、涂料、玻璃、塑料以及合成材料等。

色彩设计：苹果绿、深蓝、大红、纯黄等高纯度色彩大胆而灵活地运用到客厅中。

家具搭配：强调功能性设计，线条简约流畅，色彩对比强烈。

灯具照明：多搭配以几何造型的现代灯具，设计创意感十足，富有时代艺术韵味。

❶ 仿古砖　　❷ 斑马木饰面板　　❸ 硅藻泥

❶ 肌理壁纸　　❷ 无纺布壁纸　　❸ 麻布壁纸　　❹ 实木复合地板

空间构成手法简洁，
形式服务于功能

简约是采用简洁的手法，体现平面的尺度、空间感。简约风格主要是以简洁的表现形式来满足人们对空间环境的那种感性的、本能的合理性需求。现代家居功能相对独立，常用通透、半通透形式进行分割，以一些低矮的家具界定空间是简约风格空间构成惯用的处理手法。在装修的"行"上，以直线为主，造型简洁，突出空间层次。吊顶、主题墙等占用空间、没有太多实用价值的造型能省则省。墙面、地面、顶棚以及家具陈设乃至灯具器皿等均以简洁的造型、纯洁的质地、精细的工艺为其特征，并且尽可能不用装饰和取消多余的东西，强调形式应更多地服务于功能。

❶ 爵士白大理石　　❷ 仿大理石瓷砖　　❸ 麻布壁纸

① 灰木纹石　② 爵士白大理石　③ 玻化砖　④ 仿大理石瓷砖

量身订制功能空间，
更能贴近人心

　　因为家居是有机复合体，不仅空间布局有不同功能，使用者的习惯也有所不同，因此在设计规划上，必须纳入多方因素进行量身订制，才能打造出好用又适宜的各种功能空间。

　　首先得了解每位使用者的生活习惯与需求，对重复的功能进行整合，冲突的功能则分别备置在各自的使用区域，只要不影响视野的宽敞与动线的流畅，能配置的功能就尽量配置。

　　对应空间条件来做最适当的功能设定。如果空间格局尺度不适合，想配置的功能则必需借助设计巧思加以转化，并从人性的角度出发，才能真正贴近需求，不至于无法使用又浪费空间。

❶ 白橡木饰面板　❷ 金花米黄大理石　❸ 硅藻泥　❹ 灰镜

❶ 有色乳胶漆　❷ 有色乳胶漆　❸ 中花白大理石

客厅开放性设计，打造通透视野

开放格局的客厅，地板看需要与否借由落差区隔使用范围，而不影响格局的通透串联；也可利用地板材质差异，或者顺势借助既有梁柱体，作为不同区域的划分依据；更可以直接使用家具作为行进动线依据；轻隔断部分，则尽量挑选视线可穿透的材质，空间得以延展并相映成趣。如此一来，客厅视野与采光依旧保持通透串联，与其他格局互为景深，又得以兼顾实用便利性，展现空间美学。

❶ 实木复合地板 ❷ 玻化砖 ❸ 有色乳胶漆 ❹ 文化石

❶白色护墙板　❷肌理漆　❸有色乳胶漆

巧用视觉艺术，为客厅添彩

运用色彩对比强烈的竖条纹来装饰墙壁和窗户，用醒目的素色窗帘或升降帘与墙壁形成对比，使空间显得高挑。

在贴墙的壁纸和覆盖在墙面的涂料层上设计醒目的"水平"图案；或是利用脚线、画镜线来装饰墙壁，以创造一种鲜明的"水平"结构特征，可使天花板显得不高。

在狭长客厅的两端安装带有醒目图案的布艺，这样前后呼应，能产生缩短距离的效果；或是利用材料质地的反差、对比，如在铺有木板、亚麻地毯的地面上铺放软质地毯等，可使窄长的客厅显宽或显短。

❶ 玻化砖　　❷ 硅藻泥　　❸ 皮革软包

❶ 实木复合地板　❷ 木纹砖　❸ 仿大理石瓷砖　❹ 抛釉砖

化解零碎视角，展现大格局气势

无论住宅面积大小，客厅往往是格局最宽敞、采光最明亮的区域，在设计装修过程中，应尽量破除零碎角落，展现方正、通透的视野背景。客厅作为主要生活区域，是全家人或邀请朋友相聚的场所，

为了让人感受到舒适自在的情境，首先应确保视野与光线能够通透延展，客厅与阳台、玄关、餐厅、书房之间，不妨采用活动隔断和透明门窗屏障，减少实墙阻碍，展现开放式大格局气势。

❶ 水曲柳地板　❷ 水曲柳指接板　❸ 海浪灰大理石

❶ 有色乳胶漆　❷ 灰木纹砖　❸ 实木复合地板　❹ 仿大理石瓷砖

包覆美化梁柱，
形塑出流畅视野

梁柱容易给人突兀感，为此可通过设计装修予以掩饰。鉴于梁柱无法破坏拆除，所以大多选择包覆手法，将之与立面、屏障、柜体、空调出风口等结构齐平设计，形塑出流畅平坦的视野，降低量体压迫感。也可以顺势沿着梁柱装饰线板做造型，等于通过线性美学延展尺度张力，让梁柱成为装饰的一部分。至于有些用来界定空间区域的柱子，其实不必特别包覆掩饰，将其改造成端景墙即可，再安装造型壁灯或悬挂画作，都能降低突兀感，增添生活情趣。

❶ 白橡木饰面板　❷ 仿大理石瓷砖　❸ 白橡木饰面板

❶ 麻布硬包　❷ 麻布软包　❸ 灰镜　❹ 植绒壁纸

画龙点睛的软装设计，营造一个温馨的家

软装设计是关于空间美学、陈设艺术、生活功能、材质风格、意境体验、个性偏好等多种复杂元素的创造性融合，可以烘托居室空间氛围、创造意境、丰富空间层次等。居住空间环境中所有可移动的元素统称软装配饰，包括家具、装饰画、陶瓷、花艺绿植、布艺、灯饰，以及其他装饰摆件等。相对于硬装修一次性、无法回溯的特性，软装却可以随时更换。如不同季节更换不同色系的窗帘、沙发套、挂画、床罩等，实现对居室的二次设计与布置，轻松打造居室的个性化风情和氛围。因此，软装设计就是家居装修过程中画龙点睛的部分。

❶ 木纤维壁纸　❷ 皮革硬包　❸ 斑马木饰面板

❶ 灰网纹大理石　❷ 帕斯高灰大理石　❸ 仿大理石瓷砖　❹ 青龙玉大理石

规划电视背景墙，装点细节层次

电视背景墙作为客厅最重要的装饰墙，应该选择适当的墙面来规划。设计时应该兼顾实用功能与视觉美感，尤其因视听设备占主要部分，为了避免与空间风格产生不协调，可以依靠柜体与造型加以化解。决定好电视是采取壁挂式还是直立式后，可以在两侧规划对称柜体，或是在其下方摆放一字形柜体。客厅万一没有适合的立面电视背景墙，可以与紧邻的书房、餐厅隔间墙一体设计，为了形塑开敞视野，可以采取半开放式格局，利用半个墙面作为电视背景墙，电视柜或镶嵌或独立陈设都行。

❶ 无纺布壁纸　❷ 杉木地板　❸ 黑白根大理石

❶ 肌理漆　　❷ 实木拼花地板　　❸ 杭灰大理石　　❹ 白橡木饰面板

电视背景墙的简约风格设计

　　简约风格电视背景墙理所当然地舍去了一众繁琐的装饰，余下的就是简洁、实用，以及时尚、优雅。所以，简洁的造型、纯洁的质地、精细的工艺即为简约风格电视背景墙的特征。可以适当对墙体进行一些几何分割，从平整的墙面塑造出立体的层次，起到点缀、衬托的作用，也可以打造出不同的功能区域。对于面积较小的客厅，电视背景墙不够宽阔，在设计时就应运用简练的造型，以及突出重点、增加空间进深的设计手法，比如选择深远的色彩、统一甚或单一的材质，以起到在视觉上调整并完善空间效果的作用。

❶ 麻布壁纸　　❷ 白橡木饰面板　　❸ 雅士白大理石

❶ 爵士白大理石　❷ 做旧实木地板　❸ 布艺硬包　❹ 杉木饰面板

个性设计，形塑独特电视背景墙

电视背景墙的设计不应固定于某种形式，因地制宜的个性设计或许更能带给人独特的视觉享受。比如，一幅美丽的装饰画也能起到不错的装饰效果；屏风不仅可设计成背景墙，还可巧妙地作为隔断分割空间；把电视机作为一个元素添加到设计方案中，配以适当的画面和一些精美的小饰品，电视机就完全可以以装饰画或鱼缸的形式出现；在电视背景墙上采用几何造型的饰线或者很有动感的波浪形条纹作设计元素，可演绎张扬的个性；使用钢化玻璃、不锈钢等新型材料作为辅材，能给人带来前卫、不受拘束的感觉。

❶ 实木复合地板　❷ 爵士白大理石　❸ 红橡木地板　❹ 美尼斯金大理石

❶ 实木复合地板　　❷ 有色乳胶漆　　❸ 麻布硬包

简约风格电视背景墙的细节设计

电视背景墙的设计要根据自己的需求，将收纳空间与视觉效果结合起来考虑。为了让简约风格的电视背景墙不会显得毫无设计感，可做些凹凸的立体效果设计，或者以镜面来巧妙点缀，简约又不失视觉效果。在选材上，如果想简单些，可采用一些容易更新的材料，如壁纸、墙贴、手绘画等，或只运用色彩，来与其他功能区域区分。为了给人以放松、舒适的感觉，电视背景墙的色彩搭配以暖色为宜，线条应简洁流畅、柔和大方；而苹果绿、深蓝、大红、纯黄等高纯度色彩的大胆运用，不单是对简约风格的遵循，也是个性的展示。电视背景墙的灯光要柔和，不宜过于强烈，还要注意光的反射问题，防止引起二次光污染。

❶ 仿大理石瓷砖　❷ 硅藻泥　❸ 爵士白大理石

❶ 实木拼花地板　❷ 水曲柳饰面板　❸ 密度板通花

灵活搭配装饰品，打造个性造型墙

一些色彩明亮、形状丰富的装饰品，能通过粘贴摆出很多不同的墙面造型。不少具有复古范儿的小镜子，简简单单往墙面上一挂，就营造了一款轻复古的造型墙。纺织品不但可以作为窗帘、抱枕，也可以挑选比较有特点、跟房间其他在颜色、纹理或材质上能够呼应的纺织品挂上墙，缓冲下墙面结构的坚硬感觉。一面设计精美的照片墙不仅温馨有趣，也为家居增添了个性元素。手工布艺装饰也越来越成为一种风尚，有手工布艺挂饰的墙面一定特别出彩。

❶ 白色护墙板　　❷ 水曲柳饰面板　　❸ 肌理漆

❶ 古堡灰大理石　❷ 混油实木线　❸ 白色密度板

装饰立面背景，
呼应客厅整体风格

　　客厅中除了电视背景墙外，其他墙壁端景也应该赋予适当同色系的颜色与装饰以营造整体性。像是沙发背景墙可以依据沙发家具款式，铺贴图案壁纸或是刷上乳胶漆，衬托整体风格演绎；如果立面有规划收纳柜体，可以在门板雕花或勾勒线条，装点细节层次；端景处则不妨用来摆放收藏的艺术品或画作，打造视觉焦点进而丰富情境氛围。轻隔断以及落地门窗同样可当成立面看待，安装镜面、有色玻璃、薄纱帘幕或是图腾布帘等。如此一来，客厅衍生出多重表情，怎么看都不会嫌腻。

❶ 大花白大理石　❷ 文化砖　❸ 仿大理石瓷砖

① 木纹玉大理石　② 肌理漆　③ 阿曼米黄大理石

客厅电视柜规划，实用与美感兼顾

客厅电视柜主要摆放视听设备，将视听设备管线收纳其间，以维持公共区域应呈现的利落清爽与大气风范。如何让视听设备跟空间风格和谐相融？建议先确定欲陈设的视听设备种类与数量，再以此为依据规划柜体尺寸，然后兼顾视觉美感，通过面板或沟缝线等方式进行遮掩修饰，降低突兀感。有碟片收藏的，也该规划展示柜或抽屉柜陈列。至于视听设备附设的遥控器，也该统一规划收纳柜来收纳，以方便拿取。

❶ 文化石　❷ 老虎玉大理石　❸ 有色乳胶漆

❶ 文化砖　❷ 白色护墙板　❸ 榉木饰面板　❹ 仿大理石瓷砖

电视柜的多样化细部设计（一）

　　百叶柜：电视柜形形色色，针对客厅所陈设的视听设备，考虑到其有散热问题，所以建议采用百叶柜，在隐藏遮掩维系视野清爽之际，还能营造空气流通，避免热气聚集造成器材损害。

　　隐藏柜：客厅具有展现生活品味的重责，又是观看电视的娱乐场所，所以电视背景墙面需要有些许装饰陈设但又不宜过多。因此可以设计局部开放式层板摆放艺术收藏品，并规划局部隐藏柜，收纳比较需要遮掩的物品，让视觉主题更加突出。

❶ 绒布软包　　❷ 有色乳胶漆　　❸ 雪花白大理石

电视柜的多样化细部设计（一）

❶ 白橡木饰面板 　❷ 木纹砖 　❸ 皮革软包 　❹ 做旧实木地板

电视柜的多样化细部设计（二）

　　抽屉柜：除了开放式的展示层板与隐藏式的开门柜，客厅电视柜也不妨设计成抽屉柜，将比较无需规矩陈列的遥控器、视听线材、DVD 碟片等物品分门别类地收纳。

　　对称柜：因应客厅空间气势营造需求，可以于电视背景墙两侧采用对称手法陈设柜体，连同下方电视柜一起形塑出利落大气感。对称柜可作多功能设计，由开放式层板、开门柜与抽屉柜等不同配置构成， 提供多元收纳功能。

❶ 麻布壁纸　❷ 混油密度板　❸ 波斯灰大理石　❹ 有色乳胶漆

❶ 微晶石　❷ 文化砖　❸ 水曲柳地板

善用空间，妥当配置收纳柜

为了在客厅建构出美观又实用的收纳功能，每一处空间都应该善尽其用，但又不能过多过满，否则容易造成视觉压迫。杂物收纳柜的设计可以隐藏于无形，像隔断屏障、沙发背景墙或临窗半墙等处，只要宽度与深度够，便能够加设柜体。根据不同物品的收纳需求以及摆放柜体场地的需要，决定收纳柜是设计为高柜、矮柜还是端景柜，柜体是做成抽屉柜、开门柜还是上掀柜，只要不干扰整体视野的宽敞明亮与生活的舒适自在即可。

❶ 有色乳胶漆　❷ 水曲柳指接板　❸ 冰花玉大理石

❶ 枫木饰面板　　❷ 实木复合地板　　❸ 有色乳胶漆　　❹ 米黄洞石

三大色彩搭配技巧扮靓客厅

同类色搭配：相同色系中不同深浅的颜色搭配使空间有协调感，显得柔和文雅。比如青配天蓝，墨绿配浅绿，咖啡配米色，深红配浅红等，深浅不同的颜色形成很好的呼应和对比。

强烈色搭配：指两个相隔较远的颜色相配，比如红色对绿色，紫色对黄色，蓝色对橙色等。运用此配色方法时，应注意冷暖色的协调配合，对比不能太过强硬，应该考虑彼此的融合性。

补色搭配：指两个相对的颜色的配合，如：红与绿，青与橙，黑与白等，补色相配能形成鲜明的对比，有时会收到较好的效果，黑白搭配就是永远的经典。

❶ 帕斯高灰大理石　❷ 做旧木板　❸ 仿大理石瓷砖

❶ 做旧实木地板　❷ 灰木纹砖　❸ 水曲柳指接板　❹ 木质指接板

善用色彩，
设计电视背景墙的视觉焦点

　　客厅里的电视背景墙颜色是形塑客厅视觉焦点的主要元素。简约风格电视背景墙的主色调可运用橙色、天蓝色、紫色等"跳"一些的亮丽色彩，也可采用两种对比强烈的色彩搭配。如果客厅颜色够丰富了，干脆就让电视背景墙更加突出，使用淡淡的橘黄色，或者干脆在背景墙上镶一两条镜片增强效果，地面就用木色的地板，也能达到和谐的效果。如果是开阔敞亮的大厅，则要采用对比色处理，如明、暗、黑、白之间的对比处理。对于追求个性的年轻人来说，将电视背景墙面涂成自己认为够酷够爽的色彩也是不错的选择。

❶ 水曲柳木板擦色　　❷ 爵士白大理石　　❸ 木质纹理壁纸

❶ 文化砖　❷ 微晶石　❸ 仿古砖　❹ 阿曼米黄大理石

别具一格的简约空间配色

西洋丁香色：丁香色这种浅浅的紫能令空间显得娇柔淡雅，与木质家具搭配，能彰显一种优雅从容的味道；点缀些明亮的黄绿色调配饰，可大大提升空间的明度与彩度。

琥珀彩：高亮度的淡黄色带来宽敞的空间感，氛围显得异常甜蜜温暖。如果在这种纯净而明媚的色彩中加入其他浅粉色系调和，则会流露出几分浪漫和童趣。

多变粉色：在粉色中增添灰度，会令温柔的质感增添几分成熟与淡定。摆设透明轻盈的白色家具令空间透气清爽，或点缀几件黑胡桃木小家具与桃红花卉靠枕，居室会显得妩媚而活泼。

❶ 实木拼花地板　❷ 柞木地板　❸ 做旧 实木地板

❶ 实木复合地板　　❷ 水曲柳指接板　　❸ 绒布软包　　❹ 微晶石

不同的色彩，同样的精彩

客厅主色调采用不同的色彩所创造的空间氛围是不同的。比如，黑、白、灰色系能表达静谧、严谨的气氛，也营造出简洁、时尚、前卫和后现代的风格；浅黄色、浅棕色等亮度高的色彩，可以表达清新自然、温暖满足的情感氛围；红色、橘色等艳丽丰富的色彩则可以表达热烈、激情有气氛。总之，客厅的色彩设计一定要尊重业主的视觉感受及风格追求，一般来说，淡雅的白色、浅蓝色、浅绿色，明亮的黄色、红色饰以浅浅的金色，都是不错的色彩选择。

❶ 山核桃木地板　❷ 皮革硬包　❸ 老虎玉大理石　❹ 实木复合地板

① 旧米黄大理石　　**②** 硅藻泥　　**③** 爵士白大理石

简约风格材料的选择与设计表现

简约风格在选材上不再局限于石材、木材、面砖等天然材料，而是扩大到金属、涂料、马赛克、硅藻泥、镀锌板、烤漆玻璃、镜面玻璃、亚克力等工业性较强的材质，及强调科技感与未来空间感的元素。并且在设计上夸张地表现材料之间的结构关系，甚至将空调管道、结构构件都暴露出来，力求表现出一种完全区别于传统风格的高度技术的室内空间气氛。还注重装修材料的对比效果，常常通过石材、玻璃、木材等材质反差较大的材料或者刚柔并济的选材搭配，制造一种冲突，打造前卫的家居风格。

❶ 榆木地板　❷ 有色乳胶漆　❸ 布艺软包

❶ 文化石　❷ 枫木饰面板　❸ 硅藻泥　❹ 做旧实木地板

客厅展示柜的材质要慎选

　　客厅内的展示柜有彰显主人生活风格的作用，除了重视造型、色泽的设计外，也要讲究材质的选用。一般来说，展示柜的柜体架构可选用实木材质，好看又质感佳；另外尚有夹板、木芯板、集成材或木塑复合板可以选择，它们各有优缺点，可根据自己所需的柜体造型、承重量与坚硬度来选用。至于门板表层贴皮、美耐板上特殊漆等做法，可以选择符合空间风格与生活习惯的款式。而不锈钢、铸铁、玻璃等，这些材料比较坚硬也容易清理，不妨用于局部柜体或展示层板，会有助于营造别出心裁的视觉情境。

❶ 枫木饰面板　❷ 玻化砖　❸ 木质饰面板

客厅展示柜的材质要慎选

❶ 实木复合地板　❷ 布艺软包　❸ 水曲柳木地板　❹ 清水玉大理石

常见装饰材料的风格表现

壁纸、石材、木材、玻璃，这些装饰材质被赋予几何分割的线条造型，就会拥有简单而值得玩味的现代设计感，创造出时尚的电视背景墙。金属是体现简约风格最有力的元素，各种不同造型的金属灯，是现代简约派的代表产品。石材拼接而出的粗犷、冲突，对应上黑檀木的线性奔放，可形塑出截然不同的空间画面。铺陈板岩的电视背景墙，可以板岩元素粗犷的质感带出空间的惬意氛围。采用纹理自然、手感立体的梧桐风化木规划电视背景墙，往往令空间温馨宁静。藤制的立体造型壁饰，能点缀出场域的轻盈感与生命力。

❶ 橡木地板　❷ 枫木饰面板　❸ 麻布软包

❶ 实木复合地板　❷ 清水玉大理石　❸ 实木复合地板　❹ 橡木地板

巧用材料，沙发背景墙
也能成为风景墙

　　巧用材料，将沙发背景墙精心设计为客厅一个视觉重点，还让家多出了一面风景墙呢。沙发背景墙可用的装饰材料有很多，高端的有手绘丝绸软包、手绘金箔壁纸、瓷砖壁画、墙面浮雕等；而用多姿多彩的壁纸、壁布装饰沙发背景墙最简单；液体墙纸、艺术喷涂也是不错的选择，颜色花样不少，施工、更换相对简单，特别适合容易"喜新厌旧"的人。而壁饰、照片、手绘画等，可以作为墙面装饰的某种标志或符号，起到画龙点睛的效果。如果沙发背景墙面积较大，可以用两三种不同的材料来进行切割和造型，或者进行立体构图，可充分展现层次感。

❶ 仿大理石瓷砖　❷ 肌理砖　❸ 帕斯高灰大理石　❹ 爵士白大理石

❶ 仿大理石瓷砖　　❷ 爵士白大理石　　❸ 肌理壁纸

金属材料，
时尚电视背景墙的代表元素

　　不锈钢条、钛合金条、金属马赛克等材料冷冽、坚硬，不喜欢它的人觉得它不够温馨，喜欢它的人则觉得它个性十足。不少年轻的业主希望自己的房子具有很强的现代感，其实无需喧宾夺主的夸张造型，只要运用不锈钢条、钛合金条等作为电视背景墙的装饰元素，就能营造出客厅的时尚气息；而它们独有的直线条，让空间显得更利落；并且其金属质感与等离子电视在气质属性上呼应，使精彩的影像成为人们瞩目的焦点。金属马赛克内含少量气泡和一定量的金属结晶颗粒，在灯光照耀下会熠熠发光，故也成为装饰时尚电视背景墙的代表元素。

❶ 无纺布壁纸　❷ 灰网纹大理石　❸ 雪花白大理石

❶ 仿古砖　❷ 布艺软包　❸ 柚木地板　❹ 云朵拉灰大理石

美观又易清理的细项材质挑选

　　客厅想要有型又易整理，细项材质挑选很重要。像电视柜下方的影音机柜，不妨选择黑色玻璃门，将影音设备隐于无形，因可通过遥控操作故使用起来不受影响，还具有阻挡灰尘以及容易擦拭等优点。顺应空间风格演绎选择清玻璃同样具有易清理的优点，像柜门、展示层板或屏风，都可以使用清玻璃材质，可维系公共区域应有的明亮与敞朗感。客厅中的踢脚板容易污损，平时多会选择深色油漆作装饰，如果预算充裕，可以包覆横条不锈钢板，除了能够保护柜体或墙壁，也容易清洁维护。

❶ 爵士白大理石　　❷ 海浪灰大理石　　❸ 杉木地板　　❹ 木纹砖

① 中花白大理石　② 有色乳胶漆　③ 米黄木纹石

运用视觉感知原理，突出装饰品的魅力

借助灯光照明：在家居装饰品重点摆放的部位做灯光强化照明，突出装饰品的质感。

形成主次对比：对装饰品的背景进行形体和内容的淡化，以及尺度、色彩、肌理的调整，形成以装饰品为主体、背景为客体的主次虚实关系。

引导视线：当装饰品布置在狭长空间的端头时，减少各个界面的装饰和灯光照明度，从而使人们的观赏视线集中到装饰品上。

用景框构成重点：利用装饰品周边的装饰构件如门洞、窗洞等作为装饰品的景框，使人们的视线集中于景框前的装饰品上，构成重点突出、层次清晰、景致深远的陈设效果。

❶ 做旧实木地板　❷ 爵士白大理石　❸ 大花白大理石

❶ 有色乳胶漆　❷ 黑镜　❸ 白橡木饰面板　❹ 波斯灰大理石

让"蜗居"扩容，营造宽松环境

　　合理分配小空间的功能，选用自然的隔断。最佳的方案是运用软隔断进行空间功能分隔，如玻璃材质的半透明隔断，或者珠帘、拉帘等半透光的柔软隔断，这些软隔断会减少小空间给人的昏暗感觉。

　　顶棚要避免大型吊灯，同时在灯光的设计上要注重层次性和实用性。

　　避免使用过大的家具和电器，并充分利用立体空间的功能。如选择折叠延展式沙发床、推拉式的衣柜、多层的储物架等等。

　　善用"视觉迷惑"，即利用落地窗、玻璃制品以及镜子等具有反光效果的家具，能大大增加视觉空间。

❶ 金线米黄大理石　❷ 有色乳胶漆　❸ 山水纹大理石　❹ 银狐大理石

❶ 马赛克
❷ 玻化砖
❸ 雅士白大理石

小小窍门，让空间明亮又宽敞

挑选具有光泽的反光布来装饰墙壁，使用透明薄质织物或条形百叶窗，或者在家具或衬托物上增添闪光的金属材料，都会让空间显得更明亮。尽量统一墙饰和窗帘上的图案，使空间显得通透。不要使用小图案的壁纸，小图案往往使房间看起来更小。多运用布质组织较为稀松、具有几何图形的印花织物装饰空间，会给人视野宽阔的感觉。使用深浅不同的颜色，即使是很小的空间也可以涂上自己喜欢的颜色，鲜艳的颜色使空间看起来更大。小的空间通常天花板也比较低矮，低矮的家具和浅色的天花板使空间看起来更大。

❶ 有色乳胶漆　　❷ 木纹砖　　❸ 枫木饰面板

❶ 水曲柳木线　❷ 玻化砖　❸ 白橡木饰面板　❹ 铁刀木格栅

小客厅设计三原则

功能性设计原则：会客、娱乐、工作、休息、做饭等功能要有机地融合在一起，同时分区合理、不混乱，使用方便舒适。设计重点应放在如何合理划分空间，如何使空间高效利用。

美观性设计原则：解决了功能性需要之后，再考虑美观。为节省空间，美观性点到为止，无论家具还是软装饰品都应身兼数职，纯装饰性的东西能免则免。

轻装修原则：减少固定笨重的装修，少做石膏线，少做大哑口，少做高踢脚板，少做窗套，着重在软装上面下功夫，比如把装修的钱拿来买一些精巧的家具、饰品。

❶ 米黄洞石　❷ 中花白大理石　❸ 木纹洞石

❶ 红橡木饰面板　❷ 灰镜　❸ 有色乳胶漆　❹ 沙比利木线

吊顶巧设计，改善小客厅的空间感

　　小客厅不宜选择复杂尤其是太过规则的吊顶造型，以免造成空间上的压抑感。吊顶设计得好的话，吊顶本身就会给人锦上添花的效果：可以选择简洁单薄的非规则的吊顶设计；还可以尝试采用一些新材料来设计吊顶，既可伸展空间又不乏创意；用石膏在天花板四周造型，石膏可做成几何图案或花鸟虫鱼图案，效果也不错；四周吊顶、中间不吊，可用木材夹板成型，设计成各种形状，再配以射灯和筒灯，在不设吊顶的中间部分配上较新颖的吸顶灯，会使人觉得房间空间增高了。

❶ 有色乳胶漆　　❷ 造型石膏板　　❸ 玻化砖　　❹ 雅士白大理石

❶ 文化石　❷ 肌理漆　❸ 肌理漆

巧用曲线造型，营造大空间氛围

小客厅中要营造出类似大空间的氛围，巧妙地应用曲线来造型不失为好方法。比如，天花板上的射灯刻意地做成曲线形，令空间陡然有延伸之感，从光源照射的角度讲，曲线形射灯有利于灯光照射到房间的各个角落。空间构造方面，可在天花板、背景墙上设计椭圆造型，利用弧线打破规整的长形空间，营造曲线优美、灵动有致的空间感。或者在墙面上相间地涂上两种浅暖色的涂料，线条与地面平行，横线条由下部往上逐渐变窄，给人一种空间放大延伸的感觉。

❶ 爵士白大理石　❷ 橡木饰面板　❸ 实木复合地板　❹ 黑白根大理石

❶ 玻化砖　❷ 杉木地板　❸ 爵士白大理石

巧妙用好客厅的每寸空间

　　镂空墙壁摆放装饰品。在洁白的墙壁上，镂空设置几个规则的空格放置一些精美的装饰品，不失为装点墙面的一种方法。

　　空心茶几及带有抽屉的茶几作收纳空间。客厅中抱枕、遥控器等小物件众多，有了多功能茶几，收纳、拿取都方便，也很有居家效果。

　　墙角空间的利用。对于客厅拐角处的空间，摆设简单的柜子增加收纳空间，也不会影响到行走路线；或者布置一款细高的落地灯，即可充实视觉空间。

❶ 实木拼花地板
❷ 水曲柳地板
❸ 实木复合地板

巧妙用好客厅的每寸空间

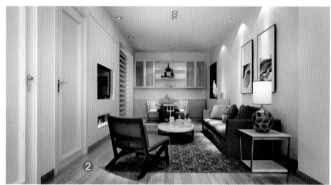

❶ 马赛克　　❷ 实木复合地板　　❸ 有色乳胶漆　　❹ 文化砖

客厅收纳重规划，
赋予柜体多种可能性

一般在规划客厅收纳功能时，总会比其他区域更讲究多元化，不仅需要涵盖电视柜、展示柜、书报柜、杂物柜等，最好还可以结合利用梁柱结构、临窗坐榻、椅凳和茶几等，附设或大或小的收纳储藏功能，以能分门别类进行有序收纳，维系风格完整性与确保居家生活品质。如果考虑到空间面积不够，而把柜体当成客厅与玄关、卧室、书房或餐厅之间的隔断，赋予双面柜功能，有助于大幅度提升空间利用率，打造简洁利落的客厅情境。

❶ 爵士白大理石
❷ 有色乳胶漆
❸ 仿大理石瓷砖

❶ 枫木饰面板　❷ 仿大理石瓷砖　❸ 斑马木饰面板　❹ 仿大理石瓷砖

单身公寓装修有哪些讲究

装饰风格提倡现代：现代风格的装饰设计以自然流畅的空间感为主题，以简洁、实用为原则，可满足多样的生活功能需求。

色彩宜清新明快：色彩能影响人的情绪，尽量不要用灰黑色调，最好选择鲜艳的颜色，如蓝色、橙色、黄色、绿色等，这样能给人一种愉快的感觉。

厨房选择开放式：单身贵族自己在家开火做饭的机会很少，不会弄出太多油烟，因此可以做个开放式厨房，添个吧台，买个吧凳，会倍感惬意。

家具不要买过大的：不要选择超大的床和沙发，最好具备收纳和一物多用的功能，减少凌乱感。

❶ 雅士白大理石　❷ 有色乳胶漆　❸ 柚木饰面板

❶ 雅士白大理石　　❷ 古堡灰大理石　　❸ 白橡木饰面板　　❹ 榉木饰面板

怎么让家居装饰更有个性

亲手打造与众不同的装饰品。美化藤椅的手工编织品、旧物改造的手工制品或是自己动手制作的作品等，都极具个性。

不盲目紧跟时尚。选择你喜欢的装修风格就要坚持到底，不要盲目就对最新的流行趋势动心。当它和你选定的风格相冲突时，一定要摒弃它。

忌太多的色彩和图案。房间里有太多色彩和图案会显杂乱，也会让你选定的风格表现大打折扣。

适度摆放小摆设品。每个家庭都有很多小摆设品，但要记住，不要把所有的小摆设品都摆出来，只有它符合你想表达的风格，它才是有价值的。

❶ 硅藻泥　❷ 杭灰大理石　❸ 中花白大理石

❶ 有色乳胶漆 　❷ 雅士白大理石 　❸ 灰网纹大理石 　❹ 实木复合地板

客厅沙发的经典布局形式

U形沙发布局：占用的空间比较大，舒适度也相对较高。因为能围合出一定的空间，所以沙发自身具有隐形隔断的作用。

L形转角式沙发布局：可以让空间得到充分利用，具有可移动、可变更性，可根据需要变换格局，让客厅永远充满新鲜感。

一字形沙发布局：是沿着一侧墙面一字排开，对面放置茶几、电视。这样的布局能节省空间，增加客厅的活动范围，适合狭长型小客厅。

❶ 文化石　❷ 榉木饰面板　❸ 爵士白大理石　❹ 杉木地板

❶ 杭灰大理石
❷ 枫木饰面板
❸ 柞木地板

如何选购绿色环保家具

查证书、看标志：查看该商家的家具是否具备国家认定的环保检测报告、绿色产品标志和合格证书等，如果不能提供相关证件自然不要选择购买。

闻气味：一般环保性能强的家具闻起来没有什么刺激性的气味，相反，劣质的家具闻起来刺激性气味较大，不宜购买。

查做工：检查人造板材家具是否封边。若是做工不细致的板材，里面会释放出大量甲醛和一些有害气体，这样的产品就不属于绿色环保家具。

看漆膜：绿色环保家具一般都是漆膜干透的家具，所以如果漆膜干透，即可购买。

❶ 肌理漆　❷ 白橡木饰面板　❸ 有色乳胶漆

❶ 麻布壁纸　❷ 有色乳胶漆　❸ 雅士白大理石　❹ 植绒壁纸

博古架上墙，
现代特色下的复古情怀

　　博古架是一种在室内陈列古玩珍宝的多层木架。做一个合适的博古架安装在墙面上，不仅不占地面空间，而且展示、收纳功能强大，还让现代客厅流露出复古情怀。博古架形状可以是传统的，即多边的、多变的，也可以是现代的，即边线统一的。博古架中设不同样式的许多层小格，格内可陈设各种古玩、器皿，要根据自己拥有的各种器物的高度和宽度设计格子才能不浪费空间。当然博古架里搁置什么艺术品是关键，中心部分自然要摆放自己拥有的最重量级的器物，千万不要置放塑料等非手工制品。

❶ 浅啡网大理石　❷ 莎安娜米黄大理石　❸ 雅士白大理石

❶ 硅藻泥　❷ 灰网纹大理石

巧用特色壁纸，彰显生活质感

黄色壁纸给人光明及丰收感，向北或向东开窗的房间用它装饰墙面，好像阳光洒满室内。

蓝色壁纸富有层次感，使人联想到深沉、纯洁、广大、悠久。如果在客厅大面积地使用蓝色壁纸，最好穿插一些白色，以免空间产生狭窄感。

橙色壁纸最夺人眼目，好像散发着水果的甜润，适合搭配柔软的家饰来强调这种自然的温馨。为了使整体空间不过于轻浮，可以搭配黑色的铁艺沙发、角柜，甚至门板与画框，在甜蜜的气氛中彰显成熟的个性。

❶ 木纹砖　❷ 黑镜　❸ 黑白根大理石

❶ 大花白大理石　❷ 山水纹大理石　❸ 枫木饰面板

客厅装修插头要留足，安装有讲究

客厅承载的功能特别强大，使用的电器种类相对繁多，如果插座安装不够，很容易因为使用插排或者插座安装位置不妥当，而让客厅看起来凌乱不堪。

建议将备用插座安装在角落稍低一点的位置，不会影响美观。其他功能性插座的位置也要精心计算，能隐藏的尽量隐藏。像路由器、机顶盒之类的小东西容易造成杂乱，尽量安装在有柜门的柜子中。

如果你觉得在墙上安装过多的插座影响视觉效果，可以多利用有隐藏功能的插座。将显眼位置的插座或者开关装饰一下也是不错的选择，装饰方法多种多样，且大多小巧可爱。

❶ 釉面砖　❷ 无纺布壁纸　❸ 有色乳胶漆

❶ 混油实木线　　❷ 石膏柱　　❸ 老虎玉大理石　　❹ 红橡木饰面板

保留布线图，未来改装有依据

保留布线图是为了以后改装方便的，现在的装修基本上第一步就是改装水电，全部都是在墙上开槽埋暗线，如果不留好布线图，会给未来家具家电位置的改动、格局的改装带来很多麻烦。

布线图平时可能只能压箱底，可是未来当你打算在墙上打眼或者凿洞的时候就知道它有多重要了。拍照保留也是一种很好的方法，后期动墙的时候不至于盲目地进行，以避免动到水管或者电线。

❶ 山核桃木地板　❷ 仿大理石瓷砖　❸ 灰网纹大理石

❶ 布艺软包　❷ 直纹白大理石　❸ 肌理漆

❶ 硅藻泥　❷ 橡木饰面板　❸ 马赛克壁纸　❹ 文化砖